京都・丸久小山園直授

京都抹茶時光！

日式抹茶幸福甜點

目次

專欄

丸久小山園推薦的京都名店抹茶甜點

〇關於本書〇

- 材料表中的小匙為5ml，大匙為15ml；雞蛋使用M尺寸（日本雞蛋尺寸分為S／M／L = 50／60／80g），以「個」表示。
- 室溫預設值為20～25℃。
- 烘焙甜點時，若使用矽膠材質等不易沾黏麵糰的烤模，則可省略在烤模上塗刷奶油的步驟。
- 烘焙時間僅為概略基準，烘烤時請務必觀察實際狀況並自行調整。本書中使用插電式烤箱。
- 食譜中使用的「開水」，是軟水（即水中的鈣、鎂含量在0～60mg/L以下，口感較滑順）煮沸後溫度80℃以上的開水。
- 書中刊載丸久小山園等店鋪的商品價格、店鋪資訊等，為2011年4月的資料，價格為已加入日本消費稅後之金額。資訊可能會因各種因素而有所更動，敬請見諒。
- 若食譜中有與丸久小山園茶房「元庵」提供之甜點菜單相同者，書中將更動名稱表示。

※本書中加註〔 〕內的文字為香港用語。

前言

在京都，雖然街頭巷尾都可見到抹茶（綠茶）甜點，不過由正統茶鋪製作的甜點，仍有它的獨到之處。

「抹茶才是主角」，我們從丸久小山園學習到這點，這也正是名門茶鋪在製作抹茶甜點時的用心之處。

這些店鋪製作抹茶甜點時，並不單單只把抹茶當成一種香料或調色而已，而是要讓品嚐者能夠吃出抹茶中甘醇、苦澀、深邃的香氣，享受抹茶本身的風味。

另外，有時候抹茶也擔任「主要配角」的角色，幫助引導出其他食材的滋味。這種「中庸」的高雅思維與作法，正是熟諳抹茶之名門茶鋪的獨門技巧。

丸久小山園擁有三百年以上歷史，堪稱製造抹茶的究極老鋪。能夠得到這間老鋪的知名商品（諸如：蛋糕卷、松露巧克力等）食譜，真的是一件非常可貴且奢侈的事。

製作團隊在採訪取材時，更有幸品嚐了小山家和店鋪員工的太太使用家中剩餘的抹茶製作夾心蛋糕、寒天和銅鑼燒等甜點，由於滋味太過迷人，在工作人員的請求之下，他們終於同意授權食譜，最後呈現在書中與各位讀者分享。

另外，製作團隊也一償宿願，與充滿感性且親切的兩位京都甜點大廚合作。在得到丸久小山園的說明後，懇請大廚們跟著說明指示，反覆嘗試，終於創造出味道極好的抹茶絕品磅蛋糕、甜薯酥餅、牛奶抹醬等，而這些甜點也得到了「丸久印」的新認證。

工作人員竭盡所能地活用老鋪傳授的技巧與訣竅，從抹茶的選擇方法、分量，一直到處理方法等，各個細節都極為講究，終於完成了這本食譜。

那麼，現在就一起跟著動手，製作在家也能夠輕鬆完成的老鋪風味抹茶甜點吧！

抹茶の基本知識

抹茶的基本介紹

最高級的茶葉才能製成抹茶

中文的「敷衍了事」這句俗諺，在日文中會以「お茶を濁す」來表示，意思是指把茶泡得濁濁的以混淆其原色，後引申為敷衍虛應之意，然而「抹茶」卻是無法魚目混珠、敷衍糊弄的食材。

之所以這麼說，是因為飲用抹茶時並不是用煎煮的，而是將茶葉直接磨成粉末，品嚐茶葉本身的質地。因此，在栽種抹茶用的茶葉時，必須要時時利用工具調節日光的照射量，過程中悉心培育，一旦茶葉長到適當的狀態，就得馬上手摘，進入製作程序。

「碾茶」的茶葉雖然薄透，但放入口中卻能馬上感受到濃厚的香氣，並且品嚐到甜味與茶的原味。製作「碾茶」時，僅取用最上等的茶葉乾燥製成，這就是抹茶的原型。

製作甜點時使用的抹茶

製作甜點時使用的抹茶，會依照使用者的選擇而有所不同，抹茶的苦味、風味也會影響最後成品的滋味。本書中食譜使用的抹茶，是丸久小山園製作的薄茶用抹茶「又玄」（薄茶，うすちゃ，茶道飲用抹茶的方法之一）。之所以選擇「又玄」，在於它有著微微的苦味，但同時又具有茶的滋味與甘醇，而且色澤美麗。

一般來說，泡成「濃茶」（こいちゃ）飲用的高價抹茶粉，用來製作甜點反而會讓苦味不足；相反地，若是選擇料理、烘焙用的抹茶，或是用比本書中的「薄茶用」抹茶更低廉的抹茶粉，搭配書中的食譜，也可能會讓成品的苦味過重。

製作甜點時，最簡單也最適當的選擇基準，就是要用「比中等級的薄茶好，但還不到濃茶用程度」的抹茶。這個基準在選用其他茶鋪生產的抹茶粉時也同樣適用。沒使用完的抹茶粉，保存時請務必蓋緊蓋子，放入冰箱冷藏。

本書中的食譜，選擇的是苦味、甘醇適中的抹茶粉「又玄」。這款抹茶在丸久小山園的薄茶用抹茶中，是比中價位再貴一點點的茶款。40g罐裝「又玄」為1620日圓（約合新台幣372元，港幣97元）。

本書食譜在使用抹茶時，輕輕刮成平匙的1小匙約為1.6g，而專用茶杓盛取呈小山狀的1杓為0.9g。若手邊沒有電子秤，可以此為參考基準。

如何處理甜點使用的抹茶

即使用量少 仍須仔細秤量

抹茶是非常濃郁且奢侈的食材，即便使用量很少，依然能夠品嚐到明顯的風味。換言之，將抹茶製作成甜點時，只要差個幾克，成品的味道就會產生明顯不同。本書中的食譜，以老鋪茶鋪的豐富感受力與智慧為本，介紹各種運用抹茶的方法，讓讀者在家中也能製作出令人驚豔的美味甜點。當然，使用的抹茶粉不同，用量也必須有所調整。若採用抹茶粉「又玄」（參閱P7），並嚴守食譜所標示的分量製作，一定能夠做出美味至極的抹茶甜點。

使用前一定要過篩

抹茶是由生的茶葉除去約9成水分後，再磨成粉狀，因此容易吸收濕氣，形成結塊。不論是沖泡飲料或製作甜點，若是留下沒有溶解的抹茶塊，美味程度就會馬上銳減，因此在製作前，務必利用濾茶網等網目細緻的工具過篩。若是將抹茶與細砂糖及其他粉類材料一同過篩，需事先混合均勻後再過篩會更好。

掌握抹茶的特性

將抹茶加入鮮奶油〔鮮忌廉〕中，會產生具有彈性的黏度，所以打發時手感會與平常不同；另外，若將抹茶加入需要烘烤的甜點中，也較容易發生烤焦的情況，所以烘烤的方法、時間會與一般的甜點不太一樣。本書的食譜已全面考量過加入抹茶後應注意的製作細節，並且進一步利用其特點，調整出製作時應有的順序與加入抹茶的時機。讀者也可以試著多嘗試製作不同的抹茶甜點，從中抓住抹茶的食材特性。

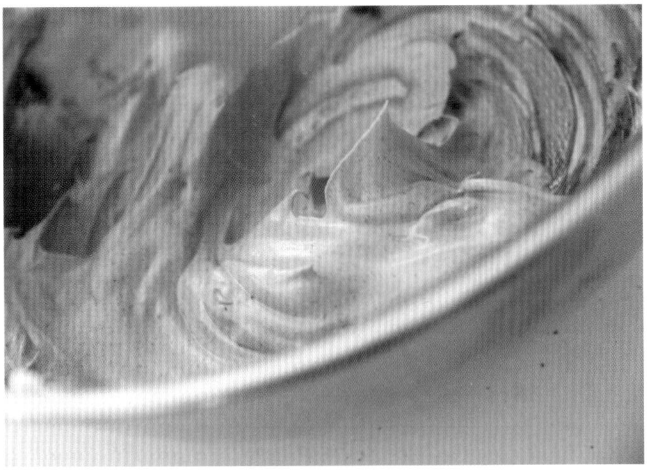

品嚐抹茶原本的風味

體驗柔和香氣的「薄茶」

薄茶刷泡得較淡，一般說「品嚐抹茶」時，指的大多是薄茶。與「濃茶」相比，薄茶茶水中所溶的抹茶量較少，喝起來滋味清淡。利用茶筅刷泡出滿滿的細緻氣泡，可以讓味道變得溫和醇口，品嚐時在口中散開的抹茶香氣相當清爽。刷泡時，不要太過執著茶道的作法，只要注意抹茶與開水的比例，並且確認溫度，即使是初學者也能夠刷泡出美味的薄茶。飲用時可以搭配一點帶有高雅甜味的「干菓子」（水分較少的甜點，如日本金平糖、煎餅等），更能夠感受到抹茶深邃的滋味，初學者一定要試試看。

品嚐「薄茶」時，細緻的泡沫能夠帶出濃郁的抹茶香氣。雖然與茶道刷泡時的作法不同，不過只要依照本書P12中介紹的方法，在家中也能輕鬆品嚐薄茶的美味。

柔滑濃郁的「濃茶」

「濃茶」主要是指在日本茶道茶會上，同席者輪流共飲一碗的那種抹茶。正如其名，刷泡濃茶時，會使用大量的抹茶粉，但僅加入少許的水，因此能夠完完全全嚐到抹茶本身的甘甜與香氣。不過因為濃茶非常濃厚，因此不適合使用苦味、澀味強烈的抹茶粉。一般來說，抹茶中只有最高品質、最甘醇者，才會拿來做為濃茶用的茶粉，因此濃茶可說是能充分品嚐上等抹茶的奢侈茶飲。飲用濃茶時，請一定要試著搭配特別的甜點一起享用。第一次品嚐濃茶的人，一定會被那種豐富深邃的風味所感動。

採用上等抹茶粉配合少量的開水，就能夠泡出奢侈的「濃茶」，讓人充分品味抹茶獨有的甘醇、甜美與深刻香氣。參考P12的說明，就能刷泡出適合一個人獨享到全家人皆能共享的濃茶。

薄茶的刷泡方法

①在茶碗、茶杯中加入熱茶溫杯，再把茶筅的穗頭泡入杯中。接著倒掉開水，充分擦乾水分，放入過篩後的抹茶1．5～2ｇ（茶粉的測量方法請參照P8）。

②以耐熱量杯等容器，盛裝煮沸過的開水約70㎖，慢慢地倒入茶碗中。

③一開始先利用茶筅混合抹茶與開水，接著動作慢慢加大，以「從碗底開始攪拌晃動」的方式，在茶碗的中心直徑線上前後移動茶筅，將抹茶茶湯刷出氣泡。

④用茶筅的穗頭在茶湯表面緩緩移動，使氣泡變細，再緩慢地拿起茶筅，讓氣泡膨起，完成刷泡。依照個人喜好，不刷出氣泡也無妨。

濃茶的刷泡方法（一人份）

①在茶碗、茶杯中加入熱水溫杯，再把茶筅的穗頭泡入杯中。倒掉開水，確實擦乾水分，放入過篩的抹茶約5ｇ。

②取耐熱量杯等容器，先注入煮沸過的開水約30㎖，慢慢地倒入茶碗中。一人份使用的開水分量少，因此要注意別讓整碗茶湯冷掉了。

③利用茶筅混合抹茶與開水，一邊從碗底感受茶筅的彈力，一邊維持這股彈性進行攪拌。沿著茶筅漸次加入調整濃度用的開水15～25㎖，繼續攪拌刷泡。

④緩緩地提起茶筅，充滿光澤且柔滑的濃茶就完成了。

《番外篇》稍濃的薄茶可加入冰塊品嚐

泡薄茶時，可以稍微泡得濃一點，再加入大量冰塊充分攪拌，就能製作出具有奢侈美味的冰薄茶（見左圖）。此外，嗜吃甜食的人，也可以在放有冰塊的玻璃杯中，倒入泡得較濃的薄茶調勻，再依喜好加入糖漿調味享用。

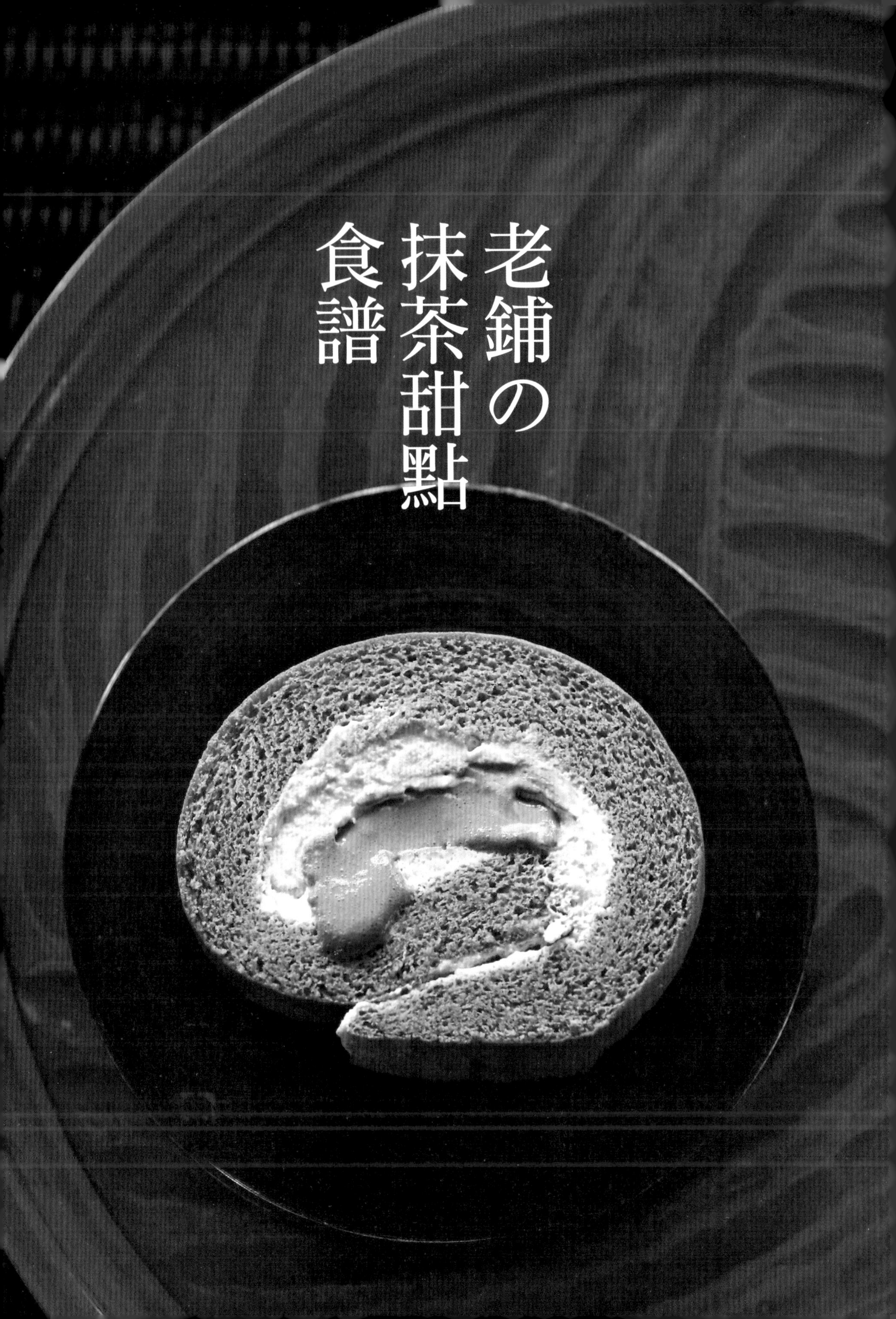

老鋪の抹茶甜點食譜

濃味抹茶費南雪

費南雪（financier）因外形之故，又名金磚蛋糕，質地厚實，邊角酥脆，濃綠色的蛋糕質地濕潤綿密。送入口中，先是感受抹茶與奶油的焦香，接著品嚐杏仁粉的風味，整體滋味豐富多層次。盛放到喜愛的小器皿中，更能享受甜點與食器搭配的樂趣。

特地煮至微焦的奶油，正是費南雪美味的祕訣。將奶油煮沸至呈現照片中的褐色後，要馬上將鍋子從火源上移開（步驟②）。

材料

8.5 × 4 ㎝的費南雪烤模，約15個份

蛋白……110g（約雞蛋3～4個份）
細砂糖……100g
鹽……1g
抹茶粉〔綠茶粉〕……10g
低筋麵粉……35g
烘焙用杏仁粉……55g
無鹽奶油〔無鹽牛油〕……110g
融化的無鹽奶油……適量（烤模用）

事前準備

- 抹茶粉過篩，與低筋麵粉、杏仁粉混合後，再度過篩備用。
- 蛋白置於室溫下備用。
- 烤模內側以刷子塗上融化後的奶油，放入冰箱冷藏備用。

製作方法

① 在攪拌盆中放入蛋白、細砂糖、鹽，用打蛋器慢慢地混合（不要打發）。材料混合呈現濃稠狀後，一起放入事先過篩的抹茶粉、低筋麵粉、杏仁粉，再次緩緩地攪拌均勻（不要留下任何結塊）。

② 製作焦香奶油：取小鍋子放入奶油，開大火，一邊搖動鍋子，一邊讓奶油融化。煮至氣泡變細，待融化的液體有部分出現微微的褐色後，馬上將鍋子從火源移開，再將熱奶油慢慢過篩，分次逐量加入步驟①的材料中。每次加入奶油都要用打蛋器仔細攪拌均勻。※參考左上圖

③ 待麵糊全部都混合均勻後，蓋上保鮮膜放入冰箱冷藏醒麵約1～2小時。

④ 烤箱以210℃預熱。將事先冷藏過的烤模與麵糊從冰箱取出，利用湯匙撈取麵糊，倒入烤模約7～8分滿。由於烘烤過的蛋糕會膨脹，所以不必把烤模每個角落都填滿。

⑤ 烤模置於烤盤上，以210℃烤箱烘焙約12～15分鐘。利用竹籤刺入蛋糕，若抽出後竹籤上未沾有麵糊，就可以從烤箱中取出。趁熱將蛋糕脫模（此時烤模很燙，一定要戴著隔熱手套進行），放到蛋糕冷卻架上，待熱氣散去即可食用。

抹茶、焦香奶油與杏仁粉的三重奏

抹茶巴巴洛瓦

帶著濃濃奶香的抹茶巴巴洛瓦（Bavarois），只加入少許明膠，就能呈現出絹豆腐般的柔嫩口感。當巴巴洛瓦在舌尖融化的瞬間，抹茶的香氣隨即擴散口中。製作時將整個巴巴洛瓦放在容器中凝固，之後再用湯匙撈取盛盤也是一種好方法。

將鮮奶油打至6分發，如果混入抹茶的明膠液也已經完全融合均匀，即可放到裝有冰水的盆中隔水冷卻，調整濃稠度（步驟⑦）。

材料

直徑7 × 高度3.5 ㎝的巴巴洛瓦果凍模約8個份

牛奶……320㎖
水……90㎖
抹茶粉〔綠茶粉〕……10g
細砂糖……80g
明膠片（吉利丁，Gelatine）〔魚膠片〕……7g
鮮奶油〔鮮忌廉〕……80㎖

事前準備

- 抹茶粉過篩，與細砂糖混合後，再次過篩備用。
- 在盆中倒入可蓋過明膠片的冰水，接著放入明膠片泡發約10分鐘，備用。

製作方法

①製作抹茶明膠液。在鍋中放入牛奶、水，開中火，加熱至液體從鍋邊冒出小氣泡後，從火源移開。

②在步驟①中加入過篩後的抹茶、細砂糖，用打蛋器仔細攪拌至抹茶粉塊完全溶解（先取步驟①中少量液體溶開抹茶後再加入，比較不容易留下塊狀物）。

③用手擰乾事先泡發的明膠片，加入步驟②的材料中，用打蛋器仔細攪拌均勻。

④用細網目的篩子將步驟③的材料過濾至攪拌盆中，共過濾3次，直到抹茶粉塊完全消失。

⑤將步驟④的攪拌盆放在剛才泡明膠片的冰水盆中，用打蛋器攪拌液體，讓熱氣消散。攪拌至呈現美乃滋般的濃稠狀後，移開冰水盆。

⑥打發鮮奶油。在盆中放入鮮奶油，利用步驟⑤使用過的冰水盆隔水降溫，把鮮奶油打至6分發。

⑦在步驟⑤的材料中加入步驟⑥的鮮奶油，用打蛋器攪拌均匀。混合時，要特別仔細注意讓抹茶粉的顆粒均匀分布。※參考左上圖

⑧在模型中倒入步驟⑦的材料，放入冰箱冷藏約2小時讓材料凝結成布丁狀即完成。脫模時，可以把模型稍微隔水加熱，會比較容易操作。

明朗亮眼的抹茶
絹豆腐般的融口食感

同時享受雙重抹茶美味的
傳統經典蛋糕

絕品抹茶奶酥磅蛋糕

在和入抹茶的麵糊上，撒滿抹茶、杏仁粉、麵粉、奶油調製而成的鬆脆奶酥，烘焙出質地扎實的磅蛋糕。為了維持抹茶獨有的鮮綠，在表面烤出焦色前就要趕緊取出。脆口的奶酥與厚實的磅蛋糕，交織出濃重的抹茶滋味，搭配鮮奶油，真是莫大享受。

● 材料
21 × 8 × 6 ㎝的磅蛋糕烤模1條份

【奶酥麵糰】
抹茶粉〔綠茶粉〕……5g
低筋麵粉……20g
烘焙用杏仁粉……15g
無鹽奶油〔無鹽牛油〕……20g
細砂糖……20g

【磅蛋糕麵糊】
無鹽奶油……150g
細砂糖……135g
蜂蜜……15g
雞蛋……2個
抹茶粉……10g
低筋麵粉……140g
泡打粉（Baking powder）……2g
融化後的無鹽奶油……適量（烤模用）
高筋麵粉……適量（烤模用）

● 事前準備

- 奶酥麵糰用的抹茶粉5g過篩，與低筋麵粉20g、杏仁粉15g混合後，再次過篩備用。
- 奶酥麵糰用的奶油20g切成小塊狀，放入冰箱冷藏備用。
- 磅蛋糕麵糰用的奶油150g置於室溫中軟化備用。
- 磅蛋糕麵糰用的抹茶粉10g過篩，與低筋麵粉140g、泡打粉2g混合後，再次過篩備用。
- 烤模內側以刷子塗上融化後的奶油，撒上高筋麵粉，以輕拍模型的方式將多餘的麵粉去除，放入冰箱冷藏備用。
- 烤箱以180℃預熱。

● 製作方法

①製作奶酥麵糰。在盆中放入過篩的抹茶、低筋麵粉、杏仁粉、切塊冷藏的奶油、細砂糖20g，以刮刀用切壓的方式攪拌混合。

②大致拌勻後，改以手指揉捏奶油與粉類材料，進行混合，讓整體材料變成鬆散小塊狀。在盆上覆蓋保鮮膜，放入冰箱冷藏備用。※參P20左上圖

絕品抹茶
奶酥磅蛋糕

奶酥的粉類材料、奶油大致拌勻後，改用手指揉捏混合。直至顏色變深，整體呈現鬆散小塊狀即可（步驟②）。

③製作磅蛋糕麵糰。在盆中放入置於室溫下軟化的奶油，用打蛋器攪拌至美乃滋〔蛋黃醬〕狀。

④加入細砂糖135g、蜂蜜，用電動攪拌器一直攪拌至材料呈現泛白狀態。

⑤將蛋依序打入盆中，每次都要用電動攪拌器混合均勻，直至到油水分離狀態消失，顏色微微泛白為止（若材料一直處於油水分離的狀態，可隔水加熱或先加入1大匙過篩的粉類材料，幫助混合）。

⑥將過篩的抹茶粉、低筋麵粉、泡打粉分成2～3次加入，每次加入後都要用橡皮刮刀以切壓的方式仔細攪拌均勻。

⑦將冷藏的烤模從冰箱取出，倒入麵糊（角落也要仔細填滿），用橡皮刮刀把表面刮平，沿著縱向劃出淺刻痕。

⑧取出冷藏備用的奶酥麵糰，撒滿磅蛋糕表面，放入烤箱中以180℃烤箱烘烤約40～50分鐘。待奶酥略微烤出焦色，另取烤盤蓋在烤模上繼續烘烤。

⑨利用竹籤刺入蛋糕，若抽出竹籤後未沾有麵糊，就可以從烤箱取出，趁熱脫模，放在蛋糕冷卻架上散熱。由於奶酥很容易碎掉，可以用橫倒的方式把蛋糕取出。建議放置1天讓蛋糕定型，會更加美味。

濃茶
甘納許
松露巧克力

散發高雅格調的松露巧克力
與煎茶、咖啡都相當搭配

微甜抹茶法式薄餅

濕潤可口的抹茶薄餅，讓人不禁聯想到日本茶道使用的帛紗。只要加入細砂糖與奶油，就能創造出多層次的豐富美味。品嚐時，不論是撒上糖粉，或加入抹茶卡士達奶油，甚至是包入羊羹、火腿、起司〔芝士〕，都非常好吃。請試著在家製作這道甜點，從中感受抹茶的特殊香氣吧！

將煎好的薄餅放在盤子上，再置於裝有煮沸開水的鍋子上，就能夠品嚐到溫熱的薄餅（步驟⑦）。

● 材料

直徑約 20 ㎝的薄餅約 8 片

雞蛋……2個
細砂糖……35g
牛奶……250㎖
抹茶粉〔綠茶粉〕……10g
低筋麵粉……70g
無鹽奶油〔無鹽牛油〕
……30g＋適量（煎薄餅時用）
抹茶卡士達奶油〔綠茶吉士醬〕
（作法參照P46）……適量

● 事前準備

・抹茶粉過篩，與低筋麵粉混合後，再次過篩備用。
・牛奶回復至室溫。

● 製作方法

① 在盆中放入雞蛋、細砂糖，用打蛋器慢慢地攪拌均勻。攪拌時注意不要打發材料（避免薄餅在加熱時膨脹）。

② 接著加入牛奶，混合均勻。

③ 取另一攪拌盆，加入過篩的抹茶粉、低筋麵粉。用湯匙撈取步驟②中的材料，分次少量加入粉類材料的中央，每次加入都要用打蛋器仔細攪拌，直到看不見顆粒。將液狀材料置於粉狀材料中央，從內側打散，較能避免材料結塊。

④ 將奶油30g放入耐熱容器中，用微波爐加溫融化，接著分次少量加入步驟③的材料中，每次加入都用打蛋器仔細攪拌。

⑤ 用細網目的濾網將步驟④的麵糊過濾到另一攪拌盆中，置於室溫下醒麵約1小時。

⑥ 加熱平底不沾鍋，抹上一層薄薄的奶油。倒入麵糊，使之呈圓餅狀，一邊轉動鍋子，一邊讓麵糊延展開來。

⑦ 當薄餅邊緣呈現酥脆蕾絲狀，並出現微微的焦色後，利用平底鍋鏟將整張薄餅翻面，把背面也煎熟。※參考左上圖

⑧ 在煎好的薄餅上塗抹適量抹茶卡士達奶油即完成。

成品如同和菓子般雅緻
與茶席間常用的黑文字釣樟木籤*
形成絕佳搭配

*品嚐和菓子時的專用食器，以高級木頭製成，一般用於茶道宴會，多為賓客自備。

抹茶餡
米粉銅鑼燒

伊達蛋卷風味的外皮
裹著抹茶香濃厚的豆沙餡

以烘焙用米粉與雞蛋做出綿軟的外皮，包裹著抹茶白豆沙，給人嶄新的視覺享受。外皮對折成半月形，即使煎製過程中餅皮不夠圓也無妨。加入醬油、味醂增添香氣，讓伊達蛋卷風味外皮與抹茶豆沙餡滋味更調和。

● **材料**
約 8 個份

【抹茶豆沙餡】
抹茶粉〔綠茶粉〕……4g少一點
細砂糖……10g
白豆沙餡（市售成品）……200g
【糖漿】
細砂糖……24g
水……30mℓ
【銅鑼燒皮】
雞蛋……2個
細砂糖……30g
蜂蜜……10g
味醂……1小匙
醬油……½小匙
烘焙用米粉（Riz Farine）……30g
沙拉油〔液體菜油〕……適量（煎銅鑼燒時用）

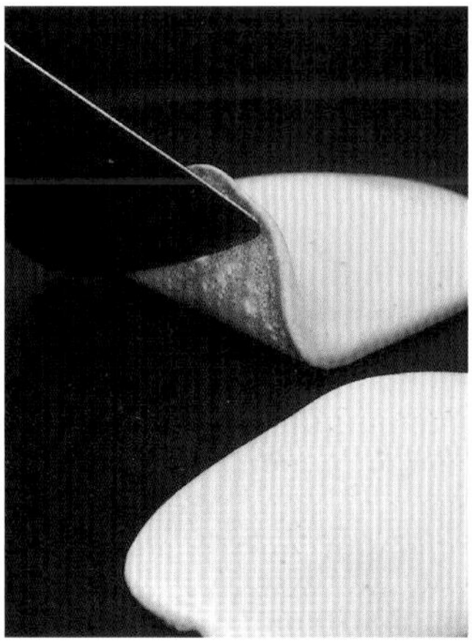

餅皮加入增添風味的醬油與味醂後，很容易燒焦，要特別注意。餅皮麵糊在煎烤時，不會像鬆餅糊一樣出現氣泡，一定要仔細觀察顏色變化，及時翻面（步驟⑥）。

● **事前準備**
- 抹茶粉過篩，與細砂糖10g混合後，再次過篩備用。
- 烘焙用米粉過篩備用。
- 準備隔水加熱用的熱水盆。
- 電烤盤以150℃預熱。

● **製作方法**

① 製作抹茶豆沙餡。在盆中放入過篩好的抹茶粉、細砂糖、白豆沙餡，用木杓仔細攪拌混合。

② 製作糖漿。取小鍋子放入細砂糖24g及水，開中火，用湯匙邊攪拌邊加熱，煮至水分收乾至剩下一半的量為止。材料呈現濃稠狀後，關火降溫。

③ 製作銅鑼燒餅皮。在盆中放入雞蛋、細砂糖30g，放在事先準備的熱水盆上隔水加熱，以打蛋器攪拌。

④ 細砂糖融化後，從熱水盆上移開，用電動攪拌器打發至材料泛白。用牙籤戳入材料中，若能立著不倒下，就表示打發完成。接著加入蜂蜜、味醂、醬油，每次加入材料都要用橡皮刮刀仔細拌勻。最後加入過篩的烘焙用米粉，混合均勻，直到麵糊出現光澤為止。

⑤ 電烤盤預熱150℃，淋少許沙拉油，將麵糊以圓形（直徑約10～15㎝，厚度約4㎜）倒入電烤盤上。

⑥ 觀察煎烤的狀況，當單面呈現金黃色後，利用鍋鏟翻面並輕壓餅皮，煎至上色後，放到鋪有烘焙紙的盤子上降溫。※參考左上圖

⑦ 在餅皮背面（先煎的那面是正面），用刷子塗上薄薄的糖漿。

⑧ 將抹茶豆沙餡依喜好搓成適當大小的橢圓形，夾入銅鑼燒餅皮中即完成。

成熟口味
抹茶拿鐵

香甜與苦澀的調和
創造出絕妙的甜點飲品

冰抹茶拿鐵

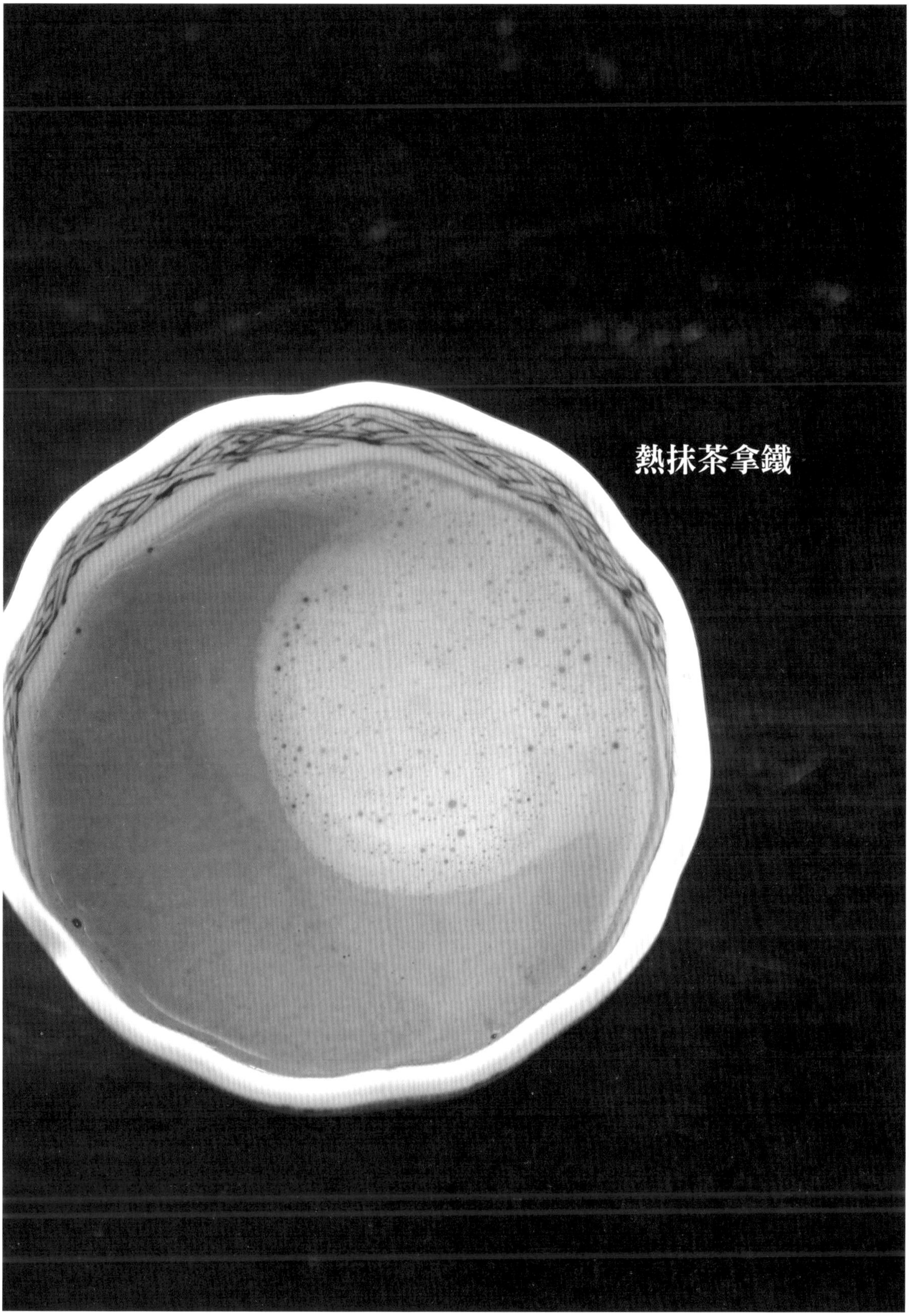

熱抹茶拿鐵

成熟口味
抹茶拿鐵

用量稍多的抹茶搭配香濃牛奶，成就甘甜中具有高雅苦味的抹茶拿鐵。熱拿鐵適合寒冷的夜晚，而冰拿鐵則可以當作午後轉換心情的飲品……抹茶的芳香效果，只要品嚐一口，就能夠讓人暫時忘卻煩惱與疲勞，堪稱治癒系甜點。

《冰抹茶拿鐵》

材料
180 ㎖ 玻璃杯 1 杯份

牛奶……100㎖
細砂糖……8g
抹茶粉〔綠茶粉〕……3g
冰塊……適量

事前準備
- 抹茶粉過篩備用。
- 玻璃杯放入冰箱中冷藏備用。

製作方法

① 取小鍋放入冰塊以外的全部材料，開小火，用打蛋器攪拌至砂糖溶解為止。加熱直到鍋邊液體冒出小泡後，從火源上移開，放涼。

② 在冰鎮過的玻璃杯中放入大量冰塊，倒入步驟①的抹茶牛奶即完成。

《熱抹茶拿鐵》

材料
150 ㎖ 咖啡杯 1 杯份

牛奶……100㎖＋適量
（成品裝飾用）
細砂糖……5g
抹茶粉〔綠茶粉〕……3g
水……20㎖

事前準備
- 抹茶粉過篩備用。
- 咖啡杯倒入熱水溫杯備用。

製作方法

① 取小鍋加入牛奶100㎖、細砂糖、抹茶粉、水，開小火，用打蛋器攪拌至砂糖溶解為止。加熱到鍋邊液體冒出小泡後，從火源上移開，倒入溫過的咖啡杯中。

② 取另一個小鍋子，加入成品裝飾用的牛奶加熱，接著利用奶泡器打出奶泡，鋪在抹茶拿鐵上，完成。

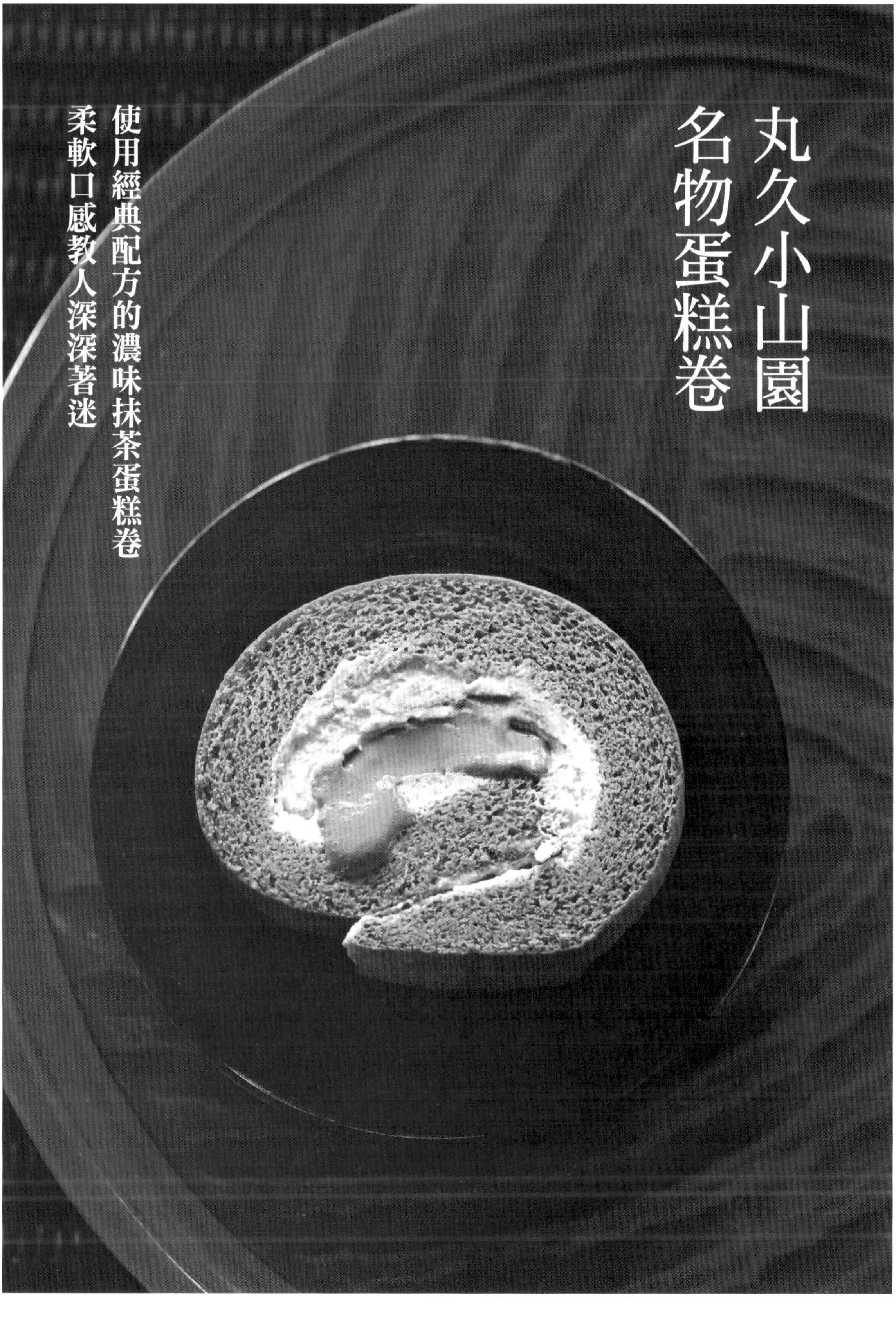

丸久小山園
名物蛋糕卷

使用經典配方的濃味抹茶蛋糕卷
柔軟口感教人深深著迷

丸久小山園
名物蛋糕卷

● **材料**
直徑約12 × 長度 30 ㎝的蛋糕卷 1 條份

【抹茶蛋糕卷麵糊】
（30 × 30 ㎝烤盤1片份）
雞蛋……4個
蛋黃……5個
細砂糖……17g＋73g
蜂蜜……34g
蛋白……5個蛋的分量
無鹽奶油〔無鹽牛油〕……23g
牛奶……40㎖
抹茶粉〔綠茶粉〕……7g
低筋麵粉……73g
玉米粉〔粟米粉〕……17g

【甜鮮奶油】
鮮奶油〔鮮忌廉〕……260㎖
細砂糖……28g

【抹茶鮮奶油】
鮮奶油……70㎖
抹茶粉……5g
細砂糖……11g

● **事前準備**

・蛋糕卷麵糊用的抹茶粉7g過篩，與低筋麵粉、玉米粉混合後，再次過篩備用。
・抹茶鮮奶油用的抹茶粉5g過篩，與細砂糖11g混合後，再次過篩備用。
・烤盤鋪上烘焙紙備用。
・烤箱以180℃預熱。

● **製作方法**

①製作蛋糕卷麵糊。取一較大的攪拌盆，放入蛋4個、蛋黃5個、細砂糖17g、蜂蜜，用電動攪拌器打發至材料泛白、呈現濃稠狀，用電動攪拌器撈起時，垂下的液體如同緞帶般層疊，就表示打發完成。

②取另一個攪拌盆放入5個蛋分量的蛋白，用電動攪拌器微微打發。接著分2、3次加入細砂糖73g，每次加入都用打蛋器仔細攪拌均勻。當材料打發至攪拌盆倒扣也不會掉落的程度時，扎實的蛋白霜就完成了。

③取小鍋放入奶油、牛奶加熱，奶油融化後從火源移開（注意不可煮沸）。

④在步驟①的材料中加入一半步驟②的蛋白霜，用刮刀從麵糊中間切下，大動作混合。加入過篩的抹茶粉、低筋麵粉、玉米粉和剩餘的蛋白霜，同樣大動作混合（可一邊轉動攪拌盆，一邊混和，幫助麵糊更均勻）。

⑤沿著橡皮刮刀倒入步驟③的材料，攪拌均勻。撈起麵糊，流下時形狀會馬上消失，就表示攪拌完成。

⑥從鋪有烘焙紙的烤盤上方略高處倒入麵糊，放入180℃烤箱中烘烤約20分鐘。

這次我們特別取得丸久小山園名物蛋糕卷食譜，並微調成家庭中可以方便製作的分量。雖然分量標記得很細，但成品非常美味，請務必挑戰看看。柔軟的蛋糕，一刀切下，就會溢出濃密的抹茶奶油與甜鮮奶油，令人垂涎三尺。

⑦用竹籤刺入蛋糕，若抽出後竹籤未沾有麵糊，表示烤好了。從烤箱取出蛋糕，將烤盤從距離桌面約30～40㎝處落下，可去除蒸氣，避免蛋糕塌陷。趁熱脫模，置於蛋糕冷卻架上，蓋上比蛋糕大一圈的烘焙紙。

⑧抓著上、下烘焙紙的邊緣，一口氣將蛋糕翻面（若不好翻面，可以用烤盤抵著輔助進行），接著除去原本位在蛋糕底層的烘焙紙。

⑨再次將烤出焦色的那面翻到上方，讓烘焙紙微微貼著蛋糕，靜置放涼（如果蛋糕太過乾燥，捲起時容易出現裂痕，注意不要放置過久，避免水氣完全散失）。

⑩製作甜鮮奶油。在盆中放入鮮奶油260㎖、細砂糖28g，用打蛋器打至8分發。

⑪製作抹茶鮮奶油。在盆中放入鮮奶油70㎖、事先過篩的抹茶粉、細砂糖，用打蛋器打至8分發。

⑫再次將步驟⑨的蛋糕翻面，讓除去烘焙紙的那面朝上。在右邊倒上鮮奶油，用抹刀將奶油往左邊順順地抹平。再將聚積在左邊的鮮奶油頂端稍微弄平。

⑬將聚積鮮奶油的那側放在靠手邊的位置。擠花袋裝上擠花嘴，用橡皮刮刀裝入抹茶鮮奶油（參考P46步驟⑦照片），從蛋糕靠近手前方的位置約3㎝處，擠出3條重疊的抹茶鮮奶油，再用抹刀修整成山形。

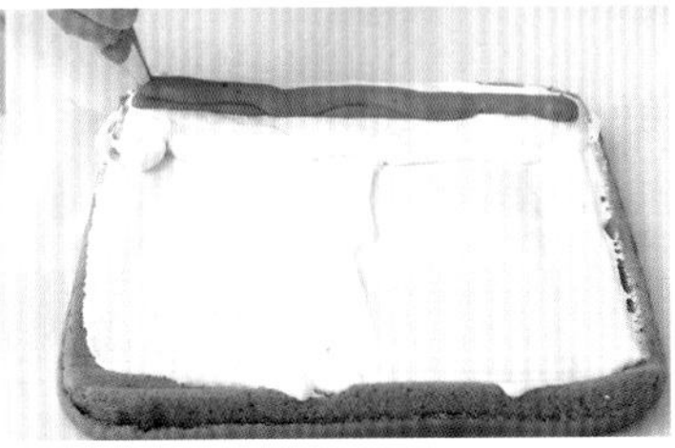

⑭從靠近手的位置開始，連同烘焙紙往前捲起蛋糕，捲完後，讓收口處朝下，避免蛋糕卷鬆開。接著再裹上一層烘焙紙，放入冰箱冷藏約1小時，讓鮮奶油狀況穩定。

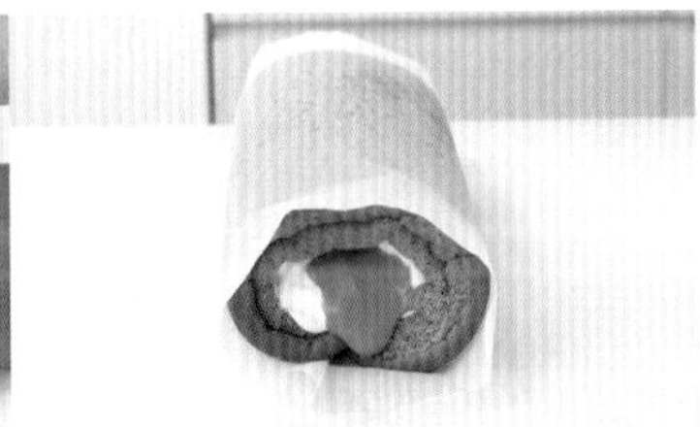

⑮用刀子分切成適當厚度即完成。切片時，刀子可以先稍微溫熱過，切口會更漂亮。

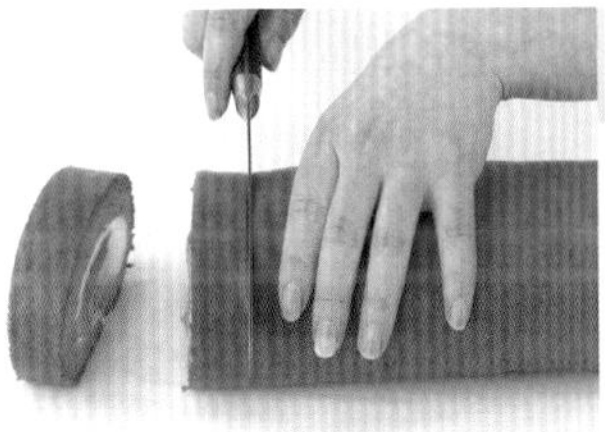

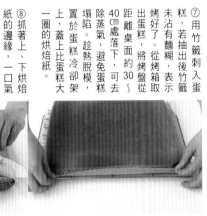

微苦抹茶沙布列酥餅

酥脆的口感，配上豐潤的奶油香氣，讓人難以抗拒。特地製作成微甜口味，可以更深刻地品嚐抹茶本身的滋味。做成圓棒狀放入冰箱冷藏，處理起來相當方便。

● **材料**

直徑約 4 ㎝ 的沙布列酥餅約 11 片

無鹽奶油〔無鹽牛油〕……50g
糖粉……30g
雞蛋（已經打好的）……2小匙
抹茶粉〔綠茶粉〕……3g
低筋麵粉……65g
烘焙用杏仁粉……25g
鹽……1小撮
細砂糖……依喜好適量（成品裝飾用）

● **事前準備**

・抹茶粉過篩，與低筋麵粉、烘焙用杏仁粉、鹽混合後，再次過篩備用。
・奶油置於室溫下軟化備用。
・烤盤鋪上烘焙紙備用。

● **製作方法**

① 在盆中放入奶油、糖粉，用打蛋器攪拌混合。打到顏色泛白呈現美乃滋〔蛋黃醬〕狀後，加入雞蛋攪拌均勻。
② 加入過篩後的抹茶粉、低筋麵粉、烘焙用杏仁粉、鹽，用橡皮刮刀攪拌混合。
③ 待粉類材料的結塊消失後，改用手揉捏，做成直徑約4㎝棒狀。裹上保鮮膜，放入冰箱冷藏醒麵約3小時。
④ 烤箱以170℃預熱。將麵糰從冰箱中取出，依喜好在表面撒上細砂糖後，用刀子分切成約1㎝厚度。
⑤ 將切好的餅乾麵糰放在鋪有烘焙紙的烤盤上，放入170℃的烤箱中烘烤約13～15分鐘，待全部均勻上色後取出，直接在烤盤上放涼即完成。

每口咬下都能嚐到抹茶微苦的香氣
同時享受麵粉的純樸滋味

抹茶卡士達泡芙

⑥待蛋液完全拌勻後，若材料能夠像下圖一樣，木杓撈起時呈現倒三角形狀慢慢落下，表示加熱完成。如果麵糊太硬無法這樣落下，可加入少許水調和。

⑦擠花袋裝上直徑1cm的圓形擠花嘴，依照下圖動作將擠花袋放在圓筒狀的容器中，用木杓填入麵糊。

⑧在鋪好烘焙紙的烤盤中，擠出直徑約5cm的麵糊。要趁麵糊溫熱時趕快抓緊時間進行。

⑨放入200℃的烤箱中烘烤約15～18分鐘，待泡芙膨脹後，溫度調降至150℃，再烤25～30分鐘。在泡芙還沒膨脹前，絕對不可以打開烤箱。

⑩趁著烤泡芙時製作抹茶卡士達奶油。在鍋中放入牛奶500mℓ、細砂糖4g，放在小火上加熱。

⑪在攪拌盆中加入已打散的蛋黃6個，用打蛋器輕輕攪拌，接著加入過篩的抹茶粉、細砂糖66g，仔細拌勻。

⑫接著加入過篩的低筋麵粉35g，仔細混和均勻。

⑬步驟⑩的牛奶加熱到即將沸騰時熄火，分次少量加入攪拌盆中，總量約半鍋，每次都要仔細攪拌均勻。

⑭將步驟⑬的材料加入⑩的鍋中，開中火，用打蛋器持續攪拌。

⑮當材料變得濃稠，且能夠像下圖一樣聚合呈現團狀後，改用耐熱橡皮刮刀繼續攪拌（過程中要注意不要讓材料燒焦）。

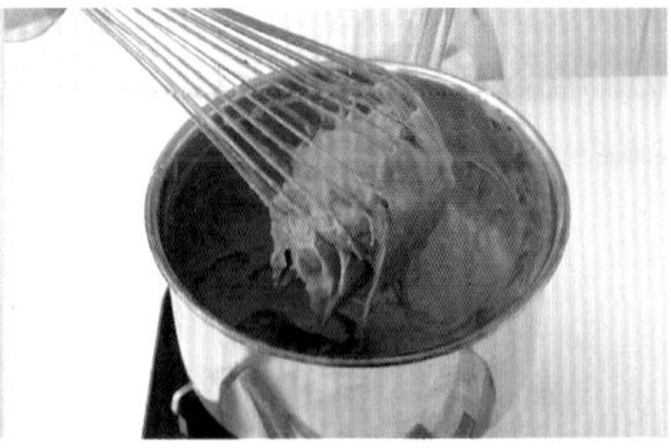

⑯當中央冒出泡泡後，將鍋子從火源上移開，加入事先切成小塊的奶油30g，混合均勻。

⑰準備好冰水盆、攪拌盆、濾網，依序疊好。將抹茶卡士達奶油過篩。移開濾網，用橡皮刮刀攪拌，一口氣讓材料降溫。若非馬上食用，可將卡士達奶油倒入淺盤中鋪平，蓋上保鮮膜，兩者需緊密貼合，放入冰箱冷藏備用。

⑱確認烤箱內泡芙的狀態。待全體都烤至金黃色後，將烤箱開關切掉，利用烤箱的餘熱，繼續烤5～10分鐘。之後取出泡芙，放在蛋糕冷卻架上降溫。

⑲製作甜鮮奶油。在盆中放入鮮奶油、細砂糖20g，用盆底浸泡冰水，用打蛋器打至8分發。

⑳利用鋸齒麵包刀將泡芙切成上下兩半。以橡皮刮刀將抹茶卡士達奶油填入裝有圓形擠花嘴的擠花袋中（參考P46步驟⑦照片）。在泡芙下半部擠上大量的抹茶卡士達奶油。

㉑接著用事先溫過的湯匙舀取甜鮮奶油，放在抹茶卡士達奶油上面。

㉒蓋上泡芙的上半部，完成。

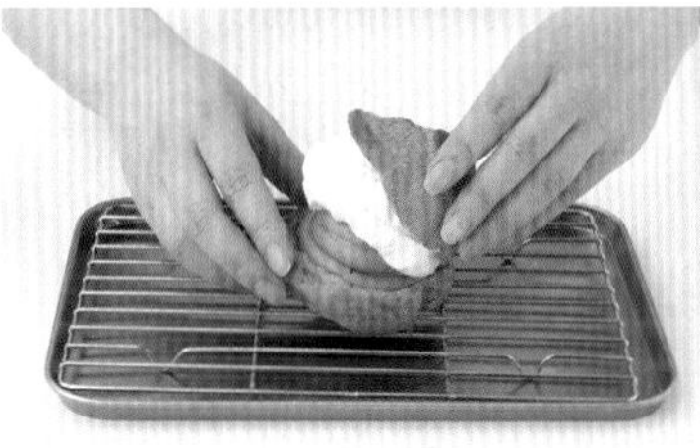

抹茶與鳴門金時特製甜薯酥餅

番薯的微甜與抹茶的苦味，形成絕妙平衡。如果有機會的話，可以採用日本的鳴門金時番薯製作；過程中，一定要不怕麻煩地細細過篩，才能夠製作出口感細膩的成品。放入蛋盅裡直接烘烤，也是不錯的選擇。

番薯過篩時，要將木杓與網目呈斜角移動。另外，選用網目細緻的濾網過篩，可以讓口感更細緻（步驟②）。

● 材料

口徑約 5.5 × 高度 1.9 ㎝的烤模約 10 個份

番薯（鳴門金時紫皮番薯，過篩後的分量）……250g
細砂糖……60g
牛奶……60mℓ
鮮奶油〔鮮忌廉〕……60mℓ
無鹽奶油〔無鹽牛油〕……30g
鹽……1小撮
抹茶粉〔綠茶粉〕……6g
蛋黃……1個＋適量（增添成品光澤用）

● 事前準備

- 抹茶粉過篩備用。
- 烤箱以180℃預熱。

● 製作方法

① 番薯以清水洗淨後，用鋁箔紙包裹放到烤盤上，以180℃烤箱烘烤約30分鐘。

② 用竹籤戳刺番薯，若能夠穿透，就從烤箱中取出，趁熱剝皮過篩。秤出250g的番薯泥後，放入盆中備用。由於稍後需要烤甜薯酥餅，所以烤箱請繼續維持180℃保溫。※參考左上圖

③ 鍋中放入細砂糖、牛奶、鮮奶油、奶油、鹽、過篩的番薯泥，開中火，一直用橡皮刮刀攪拌到奶油融化為止。

④ 麵糊呈現黏稠狀後，從火源上移開，加入抹茶粉，用橡皮刮刀攪拌均勻，接著加入蛋黃1個，仔細攪拌。

⑤ 將烤模放在烤盤上，擠花袋裝上星型擠花嘴，用橡皮刮刀將步驟④的麵糊裝入擠花袋（參考P46步驟⑦照片），在烤模中擠出漩渦狀。

⑥ 將增添成品光澤用的蛋黃於容器打散，用刷子沾取塗刷在麵糊上，放入180℃烤箱中烘烤約15～25分鐘。

⑦ 表面呈現金黃色後，從烤箱中取出，放涼即完成。

抹茶引出了甜薯的香氣與美味

在舌尖上呈現絲絨般的質感

烤年糕
紅豆抹茶湯

在加入滿滿紅豆的關西風年糕紅豆羹中，倒入薄茶，創造出成熟風味的甜點。薄茶的苦味與紅豆的甜味圓融合一，烤過的年糕充滿香氣，與甜點滋味非常相合，肯定讓每個人跌破眼鏡。從翠綠茶湯中不時浮現的紅豆粒，更添加了視覺上的樂趣。

● 材料

口徑 13 × 高度 6 ㎝的碗1碗份

日本年糕……1個
顆粒紅豆泥（市售成品）……85g
熱水……40㎖＋30㎖
鹽……1小撮（可依顆粒紅豆餡的鹹甜度自行增減）
抹茶粉〔綠茶粉〕……1g
鹽昆布……依個人喜好適量

● 事前準備

- 抹茶粉過篩備用。
- 用於盛裝甜點的碗先注入熱水溫碗。

● 製作方法

① 年糕切成一半大小，放在烤網上燒烤，烤到有點焦色更具香氣。

② 取小鍋，放入顆粒紅豆泥、熱水40㎖，開小火，用木杓攪拌混合。開始冒泡後，加入鹽，熬煮至喜好的濃稠度為止。如果煮到沸騰會出現浮末，且紅豆的香氣會消散，所以要注意不要煮沸。

③ 在茶碗或小攪拌盆中放入抹茶粉、開水30㎖，用茶筅泡出薄茶（參考P12）。

④ 在事先溫過的碗中，加入熬煮過的顆粒紅豆泥、烤年糕，接著從上方以畫圈的方式徐徐倒入步驟③的薄茶，依照喜好可加入少許鹽昆布即完成。

加了滿滿紅豆的日式年糕湯
增添了少許抹茶的苦味

濃醇抹茶冰淇淋

奢侈地使用大量抹茶，做出抹茶愛好者絕對不能錯過的濃郁冰淇淋。雖然食譜中只有簡單的3個步驟，但是卻能夠做出濃厚且口齒留香的成品。不論是直接品嚐，或挖一杓放在牛奶上，或淋上黑糖蜜食用都很棒。趕緊親自動手製作這道究極的抹茶甜點吧！

一般在製作冰淇淋時，會將鮮奶油完全打發，不過這道食譜有加入抹茶，能夠幫助冰淇淋呈現黏稠狀，因此攪拌時請輕輕讓鮮奶油充滿空氣即可（步驟②）。

● 材料

21 × 15 × 4 ㎝的容器 1 個份

蛋黃……3個
細砂糖……80g
鮮奶油〔鮮忌廉〕……250㎖
抹茶粉〔綠茶粉〕……20g

● 事前準備

- 抹茶粉過篩備用。
- 蛋黃置於室溫下回溫。
- 選用琺瑯或不鏽鋼製作的容器，可以讓冰淇淋更快凝固。

● 製作方法

① 在盆中放入蛋黃、細砂糖，用電動攪拌器攪拌至呈現白色黏稠狀為止。用電動攪拌器撈起時，垂下的液體如同緞帶般層疊，就表示攪拌完成了。

② 取另一攪拌盆，放入鮮奶油與過篩的抹茶粉，用打蛋器打至呈現黏稠度與重量感為止。※參考左上圖

③ 把步驟①的材料加入步驟②的抹茶鮮奶油當中，用打蛋器攪拌均勻，倒入容器裡。放入冰箱冷凍約4～5小時，凝固後即完成。

專為抹茶愛好者打造的抹茶冰淇淋甜點

香濃京都焙茶冰淇淋

京都焙茶擁有一股獨特的香氣與甘甜，完美地利用茶湯精華，製作出這道充滿馥郁香氣的冰淇淋。製作的重點在於，使用焙茶茶湯時，要一滴不剩地將所有焙茶擰出來。品嚐時，讓人不禁想起焙茶泡好瞬間，那份吸入滿腔馨香的幸福。

一滴不剩地擰出所有的焙茶茶湯，就能夠做出香氣濃厚的冰淇淋。由於茶湯很燙，所以在擰擠時一定要小心，可以等稍微冷卻後再擰也無妨（步驟②）。

● 材料

21 × 15 × 4 ㎝的容器1個份

牛奶……150㎖
京都焙茶茶葉……20g
蛋黃……2個
細砂糖……50g
鮮奶油〔鮮忌廉〕……150㎖

● 事前準備

- 蛋黃置於室溫下回溫。
- 選用琺瑯或不鏽鋼製作的容器，可以讓冰淇淋更快凝固。

● 製作方法

① 製作京都焙茶茶湯。取小鍋放入牛奶，轉中火，煮到鍋邊液體開始起泡後，放入京都焙茶茶葉，煮約30秒後從火源上移開，蓋上蓋子蒸燜約5分鐘。

② 攪拌盆上放置濾網，並鋪上乾淨的紗布，過濾京都焙茶茶湯。液體幾乎全部都濾出後，用手擰擠至取出最後一滴茶湯為止。※參考左上圖

③ 在盆中放入蛋黃、細砂糖，用打蛋器攪拌至呈現泛白黏稠狀。打蛋器撈起時，垂下的液體如同緞帶般層疊，就表示攪拌完成了。

④ 將步驟②的焙茶茶湯與步驟③的材料移入鍋中，開中小火，持續用木杓攪拌，煮出濃稠度（火若太大，蛋黃會凝固，要注意）。用手指滑過沾有液體的木杓，若上頭會流下手指的痕跡，表示濃稠度已足夠，移入攪拌盆中，降溫備用。

⑤ 取另一攪拌盆，放入鮮奶油，用打蛋器打至6分發。

⑥ 取少量步驟⑤的鮮奶油，加入步驟④的攪拌盆中，用打蛋器拌勻，再將盆中所有材料倒入裝有鮮奶油的攪拌盆裡，混和均勻。倒入容器中，放入冷凍庫約4～5小時，凝固後即完成。

將全部的焙茶一滴不剩封入當中
讓冰淇淋充滿茶香與甘醇

元庵式冰宇治金時

丸久小山園茶房「元庵」的夏季限定刨冰——「紅豆京冰室」，特別請他們指導當中使用的抹茶蜜食譜。製作抹茶蜜時，不經過燉煮的手續，吃起來特別爽口，後韻也非常清新。搭配冰涼的刨冰，暑氣全消。

● 材料
2～3人份

【抹茶蜜】
抹茶粉〔綠茶粉〕……10g
細砂糖……100g
冷水……100㎖

清冰……適量
顆粒紅豆餡（市售成品）…適量
煉乳〔煉奶〕……依個人喜好適量

● 事前準備
▪ 抹茶粉過篩備用。
▪ 要盛裝刨冰的容器先放入冰箱冰鎮備用。

● 製作方法
① 製作抹茶蜜。在盆中放入過篩的抹茶粉、細砂糖，一邊慢慢加入冷水，一邊用打蛋器仔細攪拌溶解砂糖。蓋上保鮮膜，放入冰箱冷藏。
② 將冰塊放在刨冰機上，刨冰盛到事先冰鎮過的容器中。
③ 加入紅豆顆粒，淋上滿滿冰鎮過的抹茶蜜即完成。可依個人喜好淋上煉乳。

清爽的抹茶蜜染上雪白的刨冰山
茶香餘韻令人回味

濃郁抹茶
牛奶糖

香醇京都焙茶
牛奶糖

充滿茶香的雙色牛奶糖
來一點如何？

● 材料《濃郁抹茶牛奶糖》

18 cm四角形活底烤模1個份（約可切出100顆焦香牛奶糖）
牛奶……300mℓ
鮮奶油〔鮮忌廉〕……200mℓ
抹茶粉〔綠茶粉〕……25g
細砂糖……30g＋200g
水飴*……30g
*麥芽糖的一種，無色透明，主成分為玉米（或樹薯）澱粉。

● 材料《香醇京都焙茶牛奶糖》

18 cm四角形活底烤模1個份（約可切出100顆焦香牛奶糖）
牛奶……300mℓ
鮮奶油〔鮮忌廉〕……200mℓ
京都焙茶茶葉……50g
細砂糖……30g＋200g
水飴……30g

● 事前準備《濃郁抹茶牛奶糖》

・抹茶粉過篩，與細砂糖200g混合後，再次過篩備用。
・取小鍋放入牛奶、鮮奶油，開火，加溫到邊緣液體冒出小泡為止。
・烤盤鋪上烘焙紙，上面放置烤模圈備用。
・準備一個厚且大的鍋子（銅鍋、琺瑯鍋、不鏽鋼鍋）。
・過程中需要進行溫度管理，所以請準備料理用的溫度計。
・過程中會接觸高溫環境，所以請事先準備較長的木杓、隔熱手套等工具。
・製作牛奶糖時很容易在糖上留下指紋，建議準備耐熱橡膠手套進行作業。
・包裝牛奶糖用的玻璃紙，要選擇防油蠟紙材質製品。

● 事前準備《香醇京都焙茶牛奶糖》

・烤盤鋪上烘焙紙，上面放置烤模圈備用。
・準備一個厚且大的鍋子（銅鍋、琺瑯鍋、不鏽鋼鍋）。
・過程中需要進行溫度管理，請準備料理用溫度計。
・過程中會接觸高溫環境，請準備較長的木杓、隔熱手套等工具。
・製作牛奶糖時很容易在糖上留下指紋，建議準備耐熱橡膠手套進行作業。
・包裝牛奶糖用的玻璃紙，要選擇防油蠟紙材質製品。

＊牛奶糖溫度很高，千萬不可在過程中直接試吃味道。

● 製作方法《濃郁抹茶牛奶糖》

①鍋中放入細砂糖30g與水飴，轉小火，一邊轉動鍋子一邊溶解材料（如使用木杓攪拌，須分次少量加入材料溶解，避免產生結晶）。接著溫度開始升高，請戴上隔熱手套。注意高溫，不可在過程中直接試吃味道。

②砂糖溶解後，分次少量加入熱過的牛奶、鮮奶油（倒入時液體容易飛濺，請注意），每次加入都用木杓攪拌均勻。

③沸騰後，加入過篩的抹茶粉、細砂糖200g，用木杓仔細拌勻，直到看不見粉塊為止。

④轉中火，持續用木杓攪拌鍋中材料，避免燒焦，一直熬到材料呈現濃稠狀（約20～30分鐘）。最佳的濃稠狀態為：用木杓攪拌時，材料被拉起後可看見鍋底，接著材料會慢慢回復到原本狀態。

⑤持續攪拌鍋中材料，放入溫度計，達到110℃時就可以從火源上移開。這個步驟是利用溫度上升來幫助牛奶糖凝固，但要注意，若溫度超過110℃就會過度凝固，應避免。

⑥將步驟⑤的材料倒入烤盤上的烤模圈中，用耐熱橡皮刮刀抹平，使材料充分填滿每個角落；此步驟要趁著牛奶糖還稠軟時盡快進行。接著放置陰涼處一天，靜待凝固。在夏天或時間較趕時，可先放置室溫1小時，再放入冰箱冷藏。

本書食譜中使用最多抹茶、焙茶茶葉的「牛奶糖」，採用正統焦糖作法。製作時，為了避免加熱導致茶香消散，因此特別講究加入茶的時間點。由於牛奶糖容易因為室溫、手溫等而融化，所以建議在有空調或是天氣較冷時製作。另外，同時享用薄茶製成的抹茶牛奶糖與焙茶牛奶糖，也是一種趣味。分切時，讓形狀呈現不規則狀，看起來會更可愛討喜。

⑦凝固後，用刀子沿著烤模將焦香牛奶糖分離。

⑧依照喜好切成想要的大小。過程中容易留下指紋，可以戴上橡膠手套進行。另外，若室溫太高，牛奶糖可能會融化，請注意。

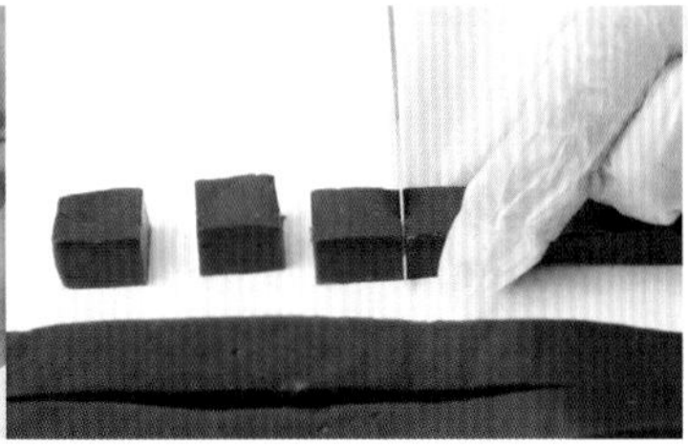

⑨用防油玻璃紙將牛奶糖包起來即完成。

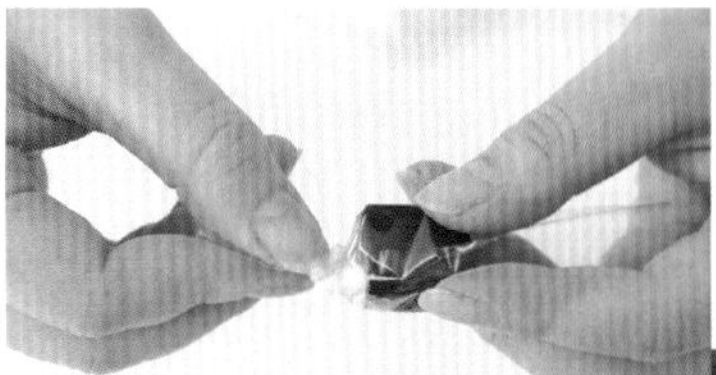

● 製作方法《香醇京都焙茶牛奶糖》

①製作焙茶茶液。在鍋中放入牛奶、鮮奶油，開中火，煮到邊緣液體開始冒泡後，加入焙茶茶葉。煮滾約30秒後，從火源上移開，蓋上蓋子蒸燜5分鐘左右。

②攪拌盆上放置濾網，並鋪上乾淨的紗布，過濾京都焙茶茶液。液體幾乎全部都濾出後，用手擰擠至取出最後一滴茶湯為止。由於茶液溫度較高，注意不要燙傷；也可以將茶液放涼後再進行。

③鍋中放入細砂糖30g與水飴，轉小火，一邊轉動鍋子一邊溶解材料（如使用木杓攪拌，須分次少量加入材料溶解，避免產生結晶）。接著溫度開始升高，請戴上隔熱手套。注意高溫，不可在過程中直接試吃味道。

④砂糖溶解後，分次少量加入步驟①的焙茶茶液（倒入時容易飛濺，請注意），每次加入都用木杓攪拌均勻。

⑤沸騰後加入過篩的細砂糖200g，用木杓仔細攪拌至完全溶解、混和均勻為止。接著繼續仿照「抹茶牛奶糖」的步驟④～⑨進行，即可完成。

淡萌黃蛋白霜餅

所謂的「萌黃」，指的是春天草木萌芽時的色彩，而這個顏色也可以做為新茶的比喻。這道輕烘焙的甜點，就是染上了這股淡雅綠意。建議可利用做其他料理時剩下的蛋白製作；製作時，將蛋白打至完全發泡，就能讓成品帶有酥脆的口感。與茶道使用的懷紙一起妝點上桌，呈現如同干菓子*般的風情。

擠出蛋白霜時，控制擠花的那隻手順勢往正上方提起，就能夠做出具有水滴尖端的形狀（步驟④）。另外，要注意不要讓蛋白沾到盆中的水分、油分或蛋黃，否則會導致無法打發（步驟①）。

● **材料**

約50個份

蛋白……1顆
細砂糖……50g
抹茶粉〔綠茶粉〕……5g

● **事前準備**

- 抹茶粉過篩備用。
- 烤盤鋪上烘焙紙備用。
- 烤箱以100℃預熱。

● **製作方法**

① 攪拌盆中放入蛋白，用電動攪拌器打發。蛋白發泡出現硬度後，加入⅓的細砂糖，繼續打發（請注意，若一次將所有砂糖加入，就無法打出能夠呈現尖角的蛋白霜）。

② 蛋白出現光澤後，加入剩餘的細砂糖，繼續打發至勾起尖角後不會垂下的狀態，製作完全打發、質地較硬的蛋白霜。

③ 接著加入抹茶粉，繼續攪拌均勻。

④ 擠花袋裝上星型擠花嘴，用橡皮刮刀填入抹茶蛋白霜（參照P46步驟⑦），在鋪有烘焙紙的烤盤上，擠出直徑約2㎝大小的造型。※參考左上圖

⑤ 放入100℃烤箱中烘烤約1小時30分鐘。當用手拿取時，蛋白霜餅可以輕易從烘焙紙剝落，且變得很輕盈時，就可以從烤盤中取出。將蛋白霜餅擺在蛋糕冷卻架上（小心不要碰壞上面的尖角），放涼後即完成。由於蛋白霜餅容易吸收濕氣，所以務必存放於密封罐中，並放入乾燥劑。

＊和菓子中，含水量20％以下為干菓子，口感較硬，40％以上為生菓子，口感較軟。

用手拾起帶有新茶綠意的小餅乾
清脆的口感之間滿溢香氣

入口即化抹茶寒天紅豆霜

如同清水般的滑順感
讓人通體清涼的冰菓子

健康的抹茶寒天、紅豆泥、薄茶，在口中融合化開，帶出嶄新的感覺。盛裝在復古的玻璃容器中，彷彿吹來徐徐涼風。雅緻地點綴上小顆白玉糰子、抹茶糰子，冰鎮後清涼爽口，趕緊端上桌享用嘍！

● 事前準備

- 將抹茶寒天用、抹茶糰子用，以及最後淋上的薄茶用抹茶粉，分別過篩備用。
- 玻璃容器先放入冰箱冷藏冰鎮。
- 取2個較大的攪拌盆，加入冰水備用。

● 材料

小玻璃碗約 5～6 碗份

【抹茶寒天】
抹茶粉〔綠茶粉〕……8g
細砂糖……110g
水……450mℓ
寒天粉……2g

【淋在表層的去皮紅豆泥】
去皮紅豆泥（市售成品）……200g
水……40～50mℓ

【白玉糰子】（約20顆）
白玉粉（糯米粉）……55g
水……50mℓ
鹽……1小撮（煮糰子時用）

【白抹茶玉糰子】（約20顆）
白玉粉（糯米粉）……50g
抹茶粉……1g
水……50mℓ

【淋在表層的薄茶】
抹茶粉……3g
熱開水……60mℓ

● 製作方法

①製作抹茶寒天。鍋中加入事先過篩的抹茶粉8g與細砂糖，用打蛋器拌勻。再加入水450mℓ、寒天粉，持續攪拌，直到看不見粉塊為止。

②開中火，將鍋中材料煮沸後，轉小火繼續加熱2分鐘，過程中要用木杓不停攪拌。

③將步驟②的材料倒入盆中，盆底浸泡預備的冰水。待材料降溫後，蓋上保鮮膜，放入冰箱冷藏約30分鐘，讓材料凝固。浸泡冰水降溫的步驟，可以讓成品的口感更好。

④製作淋在表層的去皮紅豆泥。在鍋中放入紅豆泥，一邊用小火加熱（注意不要煮沸），一邊分次少量加入水40～50mℓ，用木杓攪拌溶解。接著將材料移入攪拌盆中，放涼後置入冰箱冷藏。

⑤製作白玉糰子的麵糰。在盆中放入白玉粉55g，逐次少量加入水50mℓ，用手指攪拌材料，一直捏揉到麵糰呈現如同耳垂般的柔軟度為止。

⑥製作抹茶糰子麵糰。盆中放入白玉粉50g、過篩的抹茶粉1g，用打蛋器輕輕攪拌混合。接著分次少量加入水50mℓ，用手指攪拌材料，一直捏揉到麵糰呈現如同耳垂般的柔軟度為止。

入口即化
抹茶寒天紅豆霜

⑦在鍋中放入大量的水，煮沸後，加入1小撮鹽巴。如果先煮抹茶糰子，水會染上綠色，所以要先煮白玉糰子。用手取白玉糰子麵糰，揉出直徑1・5cm大小的白玉糰子，放入鍋中，煮約1分鐘，直到糰子浮起。煮熟後，撈至事先準備好的冰水盆中冷卻。抹茶糰子的作法相同。

⑧製作淋在表層的薄茶。取茶碗或較小的攪拌盆，加入抹茶粉3g與熱開水60mℓ，利用茶筅刷泡（參考P12）。

⑨將抹茶寒天從冰箱取出，撈至事先冰鎮過的玻璃碗中，依照喜好添加白玉糰子、抹茶糰子、紅豆泥，以畫圓的方式淋上步驟⑧的薄茶，即完成。

丸久小山園推薦的京都名店抹茶甜點①

京都吉兆Granvia店「抹茶寒天凍與京都焙茶・玉露冰品」

眺望京都車站的熱鬧街景，一邊享用日本料亭中的綜合甜點

人來人往的京都車站，繼承著嵐山本店正統風格的「京都吉兆Granvia店」，就位於中央廣場出口的正上方位置，堪稱各店面中的精華地段。

到了夜晚，車站周邊的氣氛也隨之改變，轉換為難以想像的靜謐，在店內的日本長唄BGM與線香的香氣包圍之下，一邊欣賞著街景與京都塔，一邊品嚐料理，頗有戲劇般的氛

店內的椅子席次房中，放有京都御所「朝餉之間」的拉門繪，相當引人注目。據說有許多女性顧客也會隻身前來店內用餐。

園。即使沒預約也能夠直接到店用餐，若是事先告知即將搭乘的新幹線、電車等班次，店內還能配合在時間內出餐，這也是位於車站旁的店家才有的特色服務。

店內最受歡迎的料理，是中午的限定套餐「雅膳（みやび膳）」，以及全天供餐的「松花堂弁當」；前者可在飯中選擇加入吉兆名物鯛魚茶漬享用，後者則與京都當地生產的酒類形成絕配，受到許多支持者愛戴。

這兩道套餐的最後，都會附上使用丸久小山園抹茶所製作的「抹茶果凍與京都焙茶・玉露冰品」，正如其名，可以從中品嚐到抹茶、焙茶、玉露茶各自的滋味，是一道相當奢侈的一道甜點。據說很多人都是為了這道甜點而來，甚至還有人希望店家能夠將淋滿抹茶醬的抹茶果凍做成伴手禮。

店家位置可直接到達車站，因此在出差回程時，可以到店裡暫時休憩，放鬆身心。

「真的有不少顧客都希望我們這麼做。可惜，這些甜點如果不當場現做，就無法呈現大家現在品嚐到的味道。製作時，我們特別留意甜點整體的味道，希望能夠幫助客人除去正餐的氣味，在口腔中留下香甜感的同時，又不會抹煞對正餐料理的印象。」

店主福島美樹女士如此說道，我們雖然提出不情之請，希望她可以透露抹茶果凍的食譜，但似乎是店家獨傳的祕密，更使得這道甜點成為「不到京兆，無法嚐到」的料理之一。

雅膳5000日圓（中午供餐・數量限定・無法預約），松花堂弁當6930日圓，會席料理11550日圓起（以上分別皆已含稅與服務費）。●京都市下京區烏丸通塩小路ル東塩小路町901 Granvia飯店京都M3樓 ☎075・342・0808●營業時間11點～14點、17點～20點30分（皆為最後點餐時間）無公休。

抹茶果凍的口感，介於寒天與慕斯之間。而冰淇淋雖小，但濃厚的滋味讓人非常驚豔。

㐂久屋「抹茶蕨餅」

在抹茶粉與「攪拌」上都下了功夫 京都花街割烹料理亭的隱藏名物

撒了水的石疊小路上，林立著充滿風情的置屋（見P69註釋※）與茶屋，我們正位於花街．宮川町。「㐂久屋」，正是位於宮川町一百年以上的置屋「駒屋」的附設割烹料理亭。

充滿日式古典講究風情的店內，最先引人注意的，正是手握二十尺長刀的「駒屋」之子——駒井靖司先生。他在接下這間已經延續三代的天婦羅屋前，曾經當過上班族，之後又到東京的蕎麥屋修業，甚至擁有「宅配打蕎麥業」的頭銜。這一身的經歷與店內的歷史互相融合，使得店內的名物除了天婦羅外，又多了一項蕎麥麵。

店內的天婦羅，當然有京都人喜愛的薄麵皮商品，讓顧客能夠充分享受食材原本的美味。炸天婦羅的油，也是用數種高級的油混合而成，會在點餐後，直接在顧客面前下鍋油炸。春天可品嚐嫩筍，夏天有海鰻，秋天就來道炸松茸，冬天則可以享用螃蟹，充滿季節之趣。

另一招牌料理是日本江戶前風格的細打蕎麥麵。不論點店內哪一份套餐，都能品嚐到蕎麥麵，可說是駒井先生特製的美味料理。套餐的附餐雖然有飯、蕎麥麵兩種選擇，不過聽說「一百個客人中，會有九十九個客人選擇蕎麥麵」，聽到這裡，不禁更讓人對蕎麥麵食指大動。

接續這兩種美食之後上桌的，是店內的隱藏版名物「抹茶蕨餅」。酷愛茶道的駒井先生，選擇使用丸久小山園的抹茶，製作了這道充滿工夫的夏季甜點。

「越是揉捏，越能夠創造出充滿

有骰子般美麗外型的「抹茶蕨餅」。店內一進入夏天，套餐後都會附上這道甜點。

嚼勁又能溶於口中的蕨餅。我喜歡擺在平盤中，像是蒟蒻一樣的感覺。柔軟的蕨餅，對我來說製作起來反而省事（笑）。」

染上濃郁抹茶綠的蕨餅外觀，不論是切口與尖角都毫不造作，口感充滿嚼勁，卻又能夠自然而然地融於口中。建議各位在家嘗試時，也要學習駒井先生的精神，好好地仔細「攪拌」製作。

白天點心2500日圓起，晚上的天婦羅套餐5000日圓起。

●京都市東山區宮川筋4丁目301 ☎075・561・1313

●營業時間12點~14點（僅接受一天以前的預約客人）、17點～21點（皆為最後點餐時間）週日公休。

在檜木的香氣、清爽的料理吧檯後大展身手的駒井先生。雖然充滿凜然的氛圍，但事實上相當歡迎初訪的客人。

※置屋……舞妓、藝妓居住所屬的僱主處。
※茶屋……可以招呼來舞妓、藝妓，在和室中用餐、享受歌曲舞蹈的地方。

材料

21㎝和菓子用活動式方形模1個份

蕨粉……120g
水……1ℓ
上白糖（Caster Sugar）……400g
抹茶粉〔綠茶粉〕……25g
熱開水……適量
黃豆粉……適量

事前準備

- 抹茶粉過篩備用。
- 準備一個厚鍋底的鍋子。
- 準備一個深度較高的平底盤，放入冰水備用。

製作方法

① 在盆中加入蕨粉、水、上白糖，以打蛋器攪拌混合後，用濾網過濾到厚底的鍋子中。

② 用大火加熱步驟①的鍋子，過程中持續用木杓攪拌，不要讓材料沉底燒焦。

③ 沸騰後，轉中火，用木杓繼續大力地攪拌約15分鐘。

④ 在茶碗中加入抹茶粉、少量的水，以茶筅攪拌溶解後，加入③中用木杓仔細攪拌均勻後，將鍋子從火源上移開。

⑤ 將步驟④的材料倒入四角木條（流罐）（沒有的話，可用容器鋪上保鮮膜取代）中，用保鮮膜貼合覆蓋，避免材料乾燥，接著放到事先準備好的冰平底盤中，待熱氣消散後，放入冰箱冷藏約6小時。

⑥ 凝固後用刀子分切，撒上黃豆粉，盛裝到容器中即完成。也可以提早從冰箱取出，用湯匙舀取還有點軟度的蕨餅享用。另外，將撒在成品的黃豆粉中混入少量的抹茶粉（材料分量之外），可以做出美麗的黃鶯色，並且增添風味。

利用「丸久小山園特製膏狀抹茶」1袋取代上述的抹茶材料，可製作出更濃郁的口味。

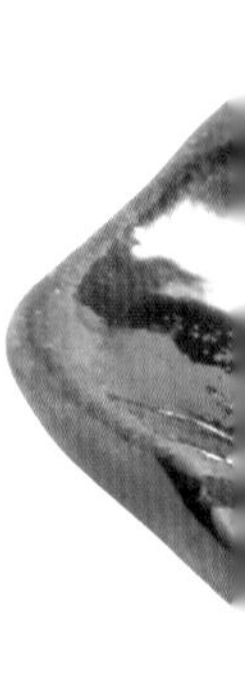

小山家特傳「茶泡飯」的故事

時序將近夏季的八十八夜，耳際似乎也逐漸響起了「採茶歌」，丸久小山園所在的宇治小倉里，每年的5月上旬到中旬，就會進入一片繁忙的採茶季。茶葉綠意最耀眼的時節，我們採訪小組剛好遇上了過去參觀過小山家採茶的人們，並且聽到他們談起「茶泡飯」的故事，這讓我們產生了興趣，因此便以此為機緣，拜訪了丸久小山園本社。

「招待客人享用茶泡飯，到底是什麼時候開始的呢？我記得應該至少從第8代就開始有這個傳統了吧……。大釜剛炊好熱騰騰的白飯上，撒滿上等的茶葉，接著淋上淡調味的昆布湯，茶泡飯就只是這麼簡簡單單而已。再加上我們自家醃製的澤庵黃蘿蔔，另外附上茶園隔壁田地才剛採下、早上先炊熟的豌豆。在我們家，這道簡單的料理就叫做「茶泡飯」或「茶飯」。」

至今已有80年屋齡的本宅庭院前，丸久小山園第11代當主的母親——高齡84歲的小山富惠女士，一邊回溯著記憶，一邊向我們娓娓道來。山富惠女士口中所說的「上等茶葉」，指的是「薄葉」的抹茶原葉。將剛採下的柔軟新葉蒸過後，進而乾燥，就能夠做出上述的「薄葉」。

小山社長的弟弟——小山俊美專任董事，則在一旁為我們補充說明。

「我家後面有個古老的乾燥爐，當天採下的茶葉新芽蒸過後，就會放到裡頭乾燥，然後我們便拿這些茶葉撒在飯上享用。一邊吃，一邊還可以聽著乾燥爐發出的轟轟聲響。」

採茶時期是短暫的，也只有在每年這短短20天左右的時光中，由磚瓦堆砌而成的乾燥爐才有機會運轉。而據說，小山家的這台乾燥爐，是目前京都府內最古老的一座。

有許多造訪小山家的參觀者，都是為了新茶季節特有的「茶泡飯」而來。在我們採訪的這天，看見小山家中擺了20組以上的塗漆盤、附蓋茶碗以及茶湯，讓人不禁可以想見採茶時期門庭若市的情景。小山富惠女士綻起微微的笑容，向我們聊起了過往的回憶。

「當時還會有許多陶藝老師、畫家老師們來訪，有些人會向我們開玩笑說只配醃蘿蔔、蒸豌豆實在太簡單了點，所以有時候我們也會推出一些魚啦、天婦羅等等的，讓大家大快朵頤。結果，他們反而會說：『不用啦！只要薄茶配上醃菜，就讓人夠滿足啦！』」

今年，也順利地採摘下滿滿的好茶葉。就這麼一件事情，讓大家共同歡欣鼓舞地聚在一起，並且共享著不起眼的小小慶功餐。而慶功餐，當然就是小山家特製的「茶泡飯」。據說，本社蓋好茶屋、會客室後，本宅就比較少端出「茶泡飯」來待客了，不過這次小山家特地為了我們，再次準備了當年的「茶泡飯」，讓我們得以享用這份美味。打開茶碗的蓋子，熱騰騰的白飯與昆布高湯，蒸騰出薄茶的香氣，冒出裊裊煙霧。靜靜地啜飲一口湯，並且將飯、茶葉一起送入口中，茶葉吸收了湯汁的甜味，並且泡得濕潤而柔軟，和白飯融為一體，真是難以言喻的美味。咀嚼茶葉，香氣與淡淡的苦味輕輕散開，品嚐美味的同時，彷彿能看見初夏新綠的茶田躍然眼前。

● 小山家「茶泡飯」作法

①將剛炊煮好的白飯添入茶碗（約半碗量），撒上滿滿的薄葉。
②接著再添飯覆蓋，再次撒上滿滿的薄葉。
③將昆布高湯用薄醬油、鹽微微調味，接著淋入茶碗中。
④蓋上蓋子，稍微蒸燜一下，再搭配醃漬品一同享用。

陶藝家楠部彌弌、近藤悠三等多數的藝術家，另外還有許多得道高僧，過往都會在採茶時節齊聚小山家，一嚐充滿新茶香氣的「茶泡飯」。

茶房「元庵」的「濃茶泡薄茶葉飯」

將糯米和昆布一起炊煮後，加入大量的薄葉，就成了「薄茶葉飯」。以小山家的「茶泡飯」為原型，再搭配上茶漬鰻、各式醃菜，就成了這道奢侈版本的料理。這次我們也得到了丸久小山園茶房「元庵」的直授，特別向大家介紹「濃茶泡薄茶葉飯」的食譜。

「元庵」的「濃茶泡薄茶葉飯」，1,300日圓。在店內，這道料理多搭配特上級抹茶「長安」的薄葉一起端上桌。

● 材料

茶碗裝滿約5碗份

白米……410g（約3杯米）
糯米……80g
酒……3大匙
鹽……1/2小匙
水……650ml
昆布……7×8cm大小一片
抹茶薄葉……10小匙＋適量（撒在上方裝飾用）
醃菜．茶漬鰻魚．小米果茶霰（ぶぶあられ）．煎茶……依個人喜好

● 製作方法

①在盆中放入白米、糯米，清洗後瀝乾。
②在器皿中放入酒、鹽巴，輕輕搖晃讓鹽巴溶解。
③在炊飯電鍋的內鍋中放入步驟①、②的材料，加入水後輕輕混合均勻，並且在上方放入昆布。
④用電鍋炊煮（炊煮時間請依照所使用的電鍋進行調整）。
⑤炊好後，再燜蒸約10分鐘，取出昆布。飯會產生少量的鍋巴，可以用飯杓將全體攪拌均勻。
⑥在盆中放入要吃的飯量，並且以每碗飯配上2小匙薄葉的比例加入薄葉，用飯杓以切劃的方式攪拌均勻。
⑦將飯盛入茶碗中，接著再撒上薄葉，完成。可依照喜好搭配醃菜、茶漬鰻魚、小米果茶霰，或淋上煎茶享用也相當美味。

關於炊米時水量的拿捏方法，要依照米的狀況稍做微調（比如說，炊煮新米則可以少放一點水）。

丸久小山園的茶房「元庵」

京都市中京區，仍可見到許多傳統「町家」的馬路上，正是茶房『元庵』的佇立處。充滿京都氛圍的店面，加以茶鋪獨有的概念，讓這間店鋪成為「抹茶通」們熱愛的名店。

許多已經造訪店內多次的顧客，都還會不小心將店名誤唸成「GenAn（げんあん）」；但其實這個店名，是借用丸久小山園第9代園主「元次郎爺爺」的雅號而來，因此應該唸成「MotoAn（もとあん）」，而據說環繞周圍的茶房也是用同一個名字命名的。

「就算沒踏進過茶室的人，到這裡也能夠在茶室內用茶」，基於這個想法，於是「元庵」就誕生了。即便是初次到訪的客人，也紛紛表示：「雖然空間很窄，但卻毫無壓迫感，讓人覺得非常放鬆。」整間店鋪的設計，在本著正統茶室精神的同時，也不忘要體貼客人，特別將茶室的入口做得大些，方便各種體形、生活文化的人進出，更顯現出現代精神與設計時的用心。

另外，最重要的，當然就是採用大量抹茶所製成的抹茶飲品、抹茶甜點，這些料理，最能夠品嚐到老鋪「茶屋咖啡店」的獨到魅力。像是本書中介紹的（參照P39）蛋糕卷組合（1100日圓）、京都焙茶、綠茶、抹茶綠茶等各種吸引人的產品。若想更深刻地體驗茶道精神，也可以選擇高級抹茶「雲鶴」所泡成的薄茶，搭配高雅的生菓子組合（1000日圓）一起享用。●京都市中京區ｗ西洞院通御池下ル☎075・223・0909●營業時間〈茶房〉10點30分～17點（最後點餐）〈店鋪〉9點30分～18點　週三公休（遇國定假日則照常營業）

採用第9代園主雅號所命名的茶室「元庵」，就位在茶房內。透過特別加大的茶室入口，可以看見庭院的景色，讓人身心放鬆。

屋頂掛著茶葉壺形狀的燈籠，充滿茶鋪風情。整體造型不但不嚴肅，反而透露了一股可愛氣氛，增添了京町家特有的溫暖韻致。

上．店內氛圍沉穩，讓人們能夠悠然度過片刻時光。外頭面向充滿古早「町家」風情的庭院。下．只有內行人才知道的「抹茶奶油卷」（圖中），可品嚐到高雅甜味與抹茶香氣的調和。另外，溫和甘甜「宇治茶松露」，則是轉涼時節的人氣商品。

職人親手製作的石臼也擺在店內，而這正是丸久小山園的講究之處。本社工場中，當然也採用精心打造的石臼，碾磨出風味無與倫比的抹茶。

夏季的名物，當然少不了刨冰。採用嚴選天然水製成的冰塊，刨製後口感清脆，更能顯現抹茶蜜的香氣與滋味。

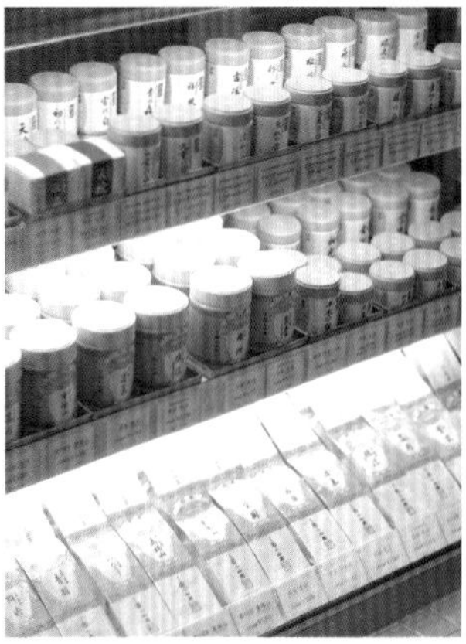

由丸久小山園自栽自製的抹茶、煎茶商品，可說是店家的驕傲。由於茶房就併設在直營店鋪旁，因此品茶後，還能順便購買想要的產品。

本書使用的基本材料

雞蛋
為了凸顯抹茶的色澤，建議選擇蛋黃顏色較淺的雞蛋。尺寸選擇M大小（60g左右）者。

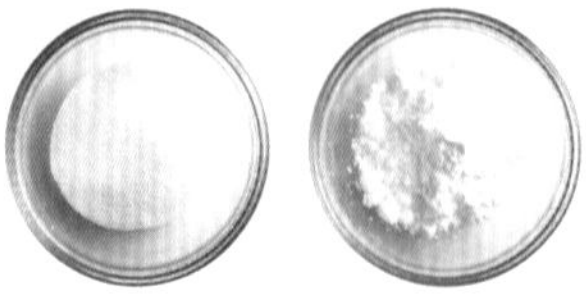

細砂糖・砂糖粉
選擇顆粒細緻的砂糖，在低溫的作業環境下也能夠便於溶解。如果選用砂糖粉，請務必使用不加玉米粉的產品。

抹茶粉〔綠茶粉〕
書中使用的是丸久小山園製作的薄茶用抹茶粉「又玄」。關於抹茶粉的詳細選擇方法，可參考P7。

低筋麵粉
指的是麩質（gluten，又稱穀膠）含量低，不易產生黏度出筋的麵粉。本書中使用的是日清生產的「紫羅蘭（Violet）」低筋麵粉，顏色純白，質地細緻。

鮮奶油〔鮮忌廉〕
選擇動物性且乳脂肪含量40%以上的鮮奶油。有的產品購買時會附贈擠花袋。

牛奶・鮮奶
選擇成分無調整的牛奶（不要選用低脂牛奶之類的鮮奶）。

麥芽糖（水飴）
書中使用的是採用日本產馬鈴薯的澱粉所製成的麥芽糖，甜味清爽。

蜂蜜
能夠增加麵糰、麵糊的黏性；同時也能讓甜點的風味層次更多，創造出具有深度的甜味。

奶油〔牛油〕
利用牛奶中乳脂肪製作的原料。加入甜點中，可以增添整體香氣與口味深度。書中使用的為無鹽（不添加食鹽）奶油。

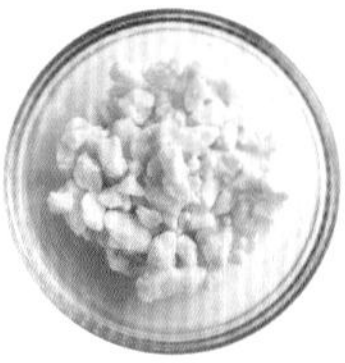

白巧克力
使用法國法芙娜（Valrhona）的35%可可鈕扣白巧克力（Ivoire），處理方便，且與抹茶氣味搭配度佳。照片中為已經切碎後的狀態。

明膠・吉利丁〔魚膠片〕
利用動物性膠原蛋白製成，具有「加熱融化，冷卻凝固」的特性。書中使用的是明膠片，也可以使用明膠粉代替。

烘焙用杏仁粉
將杏仁加工成粉狀製成的原料，英文一般寫成Almond Powder或是Almond Poudre。書中選用的是去皮杏仁製成的杏仁粉。

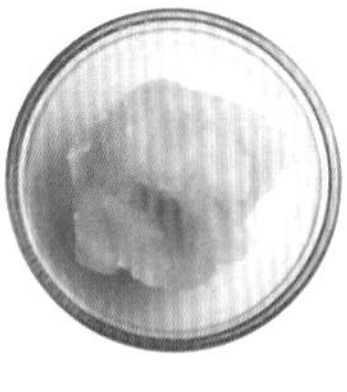

白豆沙餡

使用日本國產白鳳豆製作而成。不同品牌的製品，甜度可能會有所差異，因此添加的砂糖量可依照喜好做調整。

京都焙茶

使用丸久小山園製作的京都焙茶「小倉Kaori」（150g袋裝810日圓）。若使用其他的焙茶，建議選用香氣明顯的產品。

糯米粉・白玉粉

使用日本米製作而成的糯米粉。如果製作的菓子要加入抹茶粉，那白玉粉可以加入比平時少一點點的量。

令人躍躍欲試的甜點食材——
丸久小山園的創意「茶」商品

這些創意加工商品，看起來應該也很適合用來製作抹茶、焙茶甜點。比如說「膏狀抹茶」，使用時不必花時間過篩，而且做出來的成品也比一般使用抹茶粉時更不容易褪色。以下介紹的東西，正因為是茶鋪開發製作的加工產品，所以更能夠讓消費者享受到「茶」本身的風味。你也可以嘗試自己下點功夫，找出最適合自己的使用方法。

料理用抹茶

可依照喜好加入料理中，增添苦味。附有便於「過篩」的內蓋。（特撰）40g罐裝756日圓，另外也有販賣上級品。

膏狀抹茶・膏狀京都焙茶

本產品取得特別專利，在液狀抹茶中添加油脂製成。方便攪拌又不容易褪色，很適合製作甜點。（膏狀抹茶）60g袋裝324日圓，另有其他產品。

可食用薄葉

未碾磨成抹茶的薄葉，可直接食用，不論做成「茶泡飯」、「薄葉拌飯」等料理都非常美味。（特上）20g罐裝1512日圓。目前生產的產品，容器設計、容量與圖片有所出入，敬請見諒。

加糖綠茶粉

加水等攪拌均勻，就能夠做出加糖綠茶、抹茶歐蕾。產品分成加水調配、加牛奶調配兩種商品。（牛奶專用）200g袋裝702日圓。

濃縮宇治焙茶

將香氣精華濃縮製成的焙茶茶液。利用水、熱水稀釋即可直接飲用，另外拿來製作甜點也很方便。5袋入648日圓。

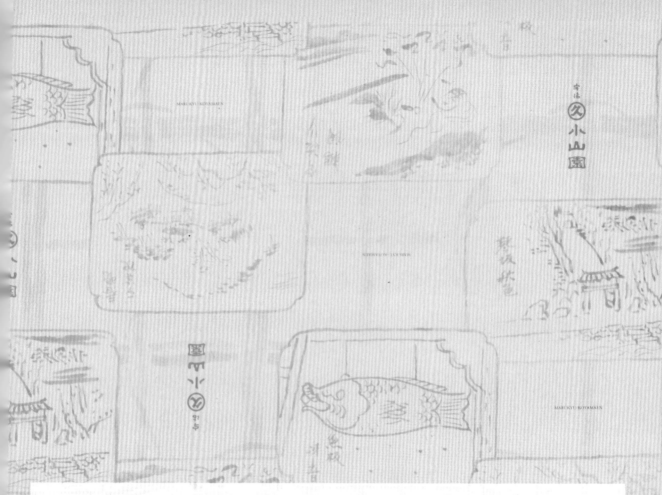

丸久小山園直授

京都抹茶時光！

日式抹茶幸福甜點

自初代・小山久次郎於日本元祿年間成立店鋪，在京都的宇治開始進行茶的栽培、製造以來，丸久小山園已成為擁有300年以上歷史的製茶老鋪。香氣顯著、口感甘醇的茶受到世人的好評與愛戴，且自家茶園所產的茶數年都獲得日本全國茶品評會的第一名。在直營店鋪附設茶房中，以抹茶製成的濃郁菓子甜點，一直以來都相當受到顧客歡迎。另外，現在丸久小山園也在宇治市內的工廠舉辦參觀等活動。

【本店】京都府宇治市小倉町寺內86番地
☎＋81-0774-20-0909

【西洞院店＆茶房「元庵」】
京都府京都市中京區西洞院通御池下ル西側
☎＋81-075-223-0909
星期三公休（遇國定假日則照常營業）

※除了日本JR京都伊勢丹內有直營店外，日本全國的抹茶零售店、茶道具店亦有販售丸久小山園的產品。